Henri GADEAU DE KERVILLE

CAUSERIES SUR LE TRANSFORMISME

III

De l'Evolution des animaux et des plantes

> La doctrine de l'évolution est désormais la pierre fondamentale de la science.
>
> (ERNEST HAECKEL).

Conférence faite à la Société d'Etude des Sciences naturelles d'Elbeuf (séance du 4 mars 1886).

ELBEUF
IMPRIMERIE ALLAIN ET LECLER
3, rue Saint-Jacques, 3.

1886

PRINCIPAUX TRAVAUX DU MÊME AUTEUR :

Les Insectes phosphorescents, avec 4 pl. chromolithographiées, Rouen, Léon Deshays, 1881.

Comptes-rendus des 19e, 20e, 21e, 22e et 23e réunions des Délégués des Sociétés savantes à la Sorbonne (Sciences naturelles), 1881, 1882, 1883, 1884 *et* 1885, in Bull. Soc. Amis Sciences natur. de Rouen, 1er sem. des années 1881, 1882, 1883, 1884 et 1885. (Le dernier avec 3 pl. en héliogravure et 1 pl. en couleur).

Liste générale des Mammifères sujets à l'albinisme, par Elvezio Cantoni, traduction de l'italien et additions, in Bull. Soc. Amis Sciences natur. de Rouen, 1er sem. 1882.

De l'action du mouron rouge sur les oiseaux, in Compt.-rend. hebdom. séanc. Soc. de Biologie (séance du 8 juillet 1882).

De l'action du persil sur les Psittacidés, in Compt.-rend. hebdom. séanc. Soc. de Biologie (séance du 20 janvier 1883).

De l'action du persil sur les Psittacidés (nouvelles expériences et Notes complémentaires). Rouen, Léon Deshays, 1883.

De la structure des plumes et de ses rapports avec leur coloration, par le Dr Hans Gadow, de Cambridge (Angleterre), traduit de l'anglais et annoté, in Bull. Soc. Amis Sciences natur. de Rouen, 1er sem. 1883, avec 1 pl. lithographiée.

Mélanges entomologiques, 3 *mémoires*, 1er *sem.* 1883, 2e *sem.* 1883, *et* 1er *et* 2e *sem.* 1884, in Bull. Soc. Amis Sciences natur. de Rouen, 1er sem. 1883, 2e sem. 1883, et 2e sem. 1884.

(Voir la suite au recto de la dernière page).

CAUSERIES
SUR LE
TRANSFORMISME

III

De l'Evolution des animaux et des plantes

La doctrine de l'évolution est désormais la pierre fondamentale de la science.

(Ernest Haeckel).

Conférence faite à la Société d'Etude des Sciences naturelles d'Elbeuf (séance du 4 mars 1886)

PAR

Henri GADEAU DE KERVILLE

Membre de cette Société.

ELBEUF
IMPRIMERIE ALLAIN ET LECLER
3, rue Saint-Jacques, 3.

1886

CAUSERIES
SUR
LE TRANSFORMISME
III
De l'Evolution des animaux et des plantes

Conférence faite à la Société d'Etude des Sciences naturelles d'Elbeuf (séance du 4 mars 1886)

PAR

HENRI GADEAU DE KERVILLE
Membre de cette Société.

Messieurs,

Dans ma première Causerie, j'ai eu l'honneur de vous exposer l'ensemble de la doctrine transformiste, et, dans la seconde, je vous en ai fait un historique rapide. Maintenant, nous allons examiner en détail les causes multiples qui ont déterminé l'évolution des plantes et des animaux, y compris l'Homme lui-même, dont l'étude, au point de vue de son origine et de sa place dans la nature, fera l'unique sujet de mon avant-dernière Causerie.

Ce qui donne à une théorie scientifique sa force et sa valeur, ce sont les faits qui lui servent de base, lorsque, nombreux et maintes fois constatés, ils sont devenus inattaquables. Ne pas vouloir admettre une doctrine établie sur l'observation et l'expérience, c'est refuser le témoignage des sens et de la raison, pour lui préférer des idées préconçues que l'on accepte aveuglément, sans les discuter ; c'est commettre un acte essentiellement inintelligent. Mais avant d'adopter une doctrine de philosophie naturelle, chacun doit exiger des preuves convaincantes et de multiples faits, qu'il puisse examiner lui-même, et qui satisfassent à la fois ses sens et sa raison. Ces preuves, ces faits, le transformisme les possède, et je voudrais, Messieurs, vous les énumérer tous ; malheureusement, cela est impossible, dans des Causeries aussi restreintes. Néanmoins, je vais essayer de vous faire bien comprendre les divers mécanismes qui ont amené l'évolution générale des animaux et des plantes, en m'efforçant de les résumer d'une façon suffisamment complète, pour les personnes que les exigences de la vie empêchent d'étudier à fond ces grands problèmes scientifiques.

Afin de procéder avec méthode, je vous parlerai successivement, dans l'ordre qui suit, des diverses causes de l'évolution des êtres vivants et des principales preuves du transformisme :

I · *Causes de l'évolution des êtres vivants :*

La sélection naturelle, résultat de la lutte pour la vie ;

La sélection sexuelle ;

Le sélection artificielle ;

L'action modificatrice du milieu ambiant ;
Les migrations et l'isolement ;
Le métissage et l'hybridité ;
L'utilisation et la non-utilisation des organes.

II. *Preuves du transformisme*, tirées :

De l'embryologie ;
De la paléontologie ;
Du mimétisme ;
Du dimorphisme et du polymorphisme ;
Des organes rudimentaires et de l'atavisme ;
De la distribution géographique et topographique des animaux et des plantes.

Parmi les causes multiples qui ont produit la transformation des espèces animales et végétales, la plus importante est, sans aucun doute, la sélection naturelle ou survivance des plus aptes, résultat immédiat de la lutte pour la vie. Cette loi des différents modes de sélection (sélection naturelle, sexuelle, artificielle), à peine entrevue avant Charles Darwin, a été développée par lui d'une manière magistrale ; aussi, est-ce à la théorie de la sélection qu'il convient d'appliquer le nom de *Darwinisme*, réservant celui de *Lamarckisme* à la théorie de notre grand naturaliste français, qui considérait les besoins nouveaux et les habitudes nouvelles, déterminés par l'action du milieu ambiant, comme ayant joué le principal rôle dans l'évolution des êtres vivants. L'expression de *Transformisme* comprend à elle seule, non-seulement le darwinisme et le lamarckisme, mais encore les causes secondaires qui ont agi pour modifier les espèces. C'est le caractère essentiellement général de cette expression qui m'a décidé à l'employer ici.

Comme je vous l'ai dit, Messieurs, dans ma première Causerie, le darwinisme a pour unique base l'action combinée de deux fonctions physiologiques, l'*hérédité* et l'*adaptation*, d'une part, et, de l'autre, de la *sélection naturelle*, résultant du combat pour l'existence.

Grâce à l'hérédité, les caractères organiques des parents se transmettent à leurs descendants, de génération en génération. En d'autres termes, chaque animal et chaque plante tendent à produire des individus semblables à eux-mêmes, possédant la totalité de leurs qualités et de leurs défauts. Mais il existe à côté de l'hérédité, chez tous les êtres vivants, une adaptation ou variation en rapport intime avec les conditions si diverses de la constitution du sol, de l'alimentation, du climat, etc, et avec les autres organismes, lesquels exercent une grande influence sur chaque animal et sur chaque plante. C'est en vertu de cette adaptation que sont produites les variations individuelles chez des sujets de même espèce, variations dont nous avons à chaque instant de très-nombreux exemples. D'ailleurs, les adversaires les plus déclarés du transformisme ont toujours reconnu que les individus appartenant à une même espèce, animale ou végétale, n'étaient pas tous absolument identiques, dans la totalité de leurs organes. Ajoutons que l'expérience nous montre sans cesse combien sont fréquentes les variations individuelles de coloration, de taille, de forme, de vigueur, de fécondité, etc., présentées par les animaux et les végétaux, à l'état sauvage et à l'état domestique.

Les variations individuelles, produites par cette faculté d'adaptation ou variabilité inhérente à tous les organismes, sont évidemment soumises à l'action de l'hérédité, qui les transmet aux descendants des individus chez lesquels ces variations se sont manifestées. Il suffit donc, pour établir le fait de la transformation des espèces, c'est-à-dire le transformisme, de démontrer que ces variations individuelles peuvent, par une action spéciale, être accentuées de plus en plus, dans un sens déterminé. Cette action spéciale et puissante est la

Lutte pour la vie ou Combat pour l'existence.

La lutte pour la vie, point de départ de la sélection naturelle, est une conséquence forcée de l'extrême fécondité des êtres vivants. Dans ma première Causerie, j'ai montré, par différents exemples, que les animaux et les végétaux étaient doués d'une faculté de reproduction et d'une fécondité beaucoup plus grandes que ne le comportent la quantité de nourriture disponible et l'étendue de la région où ils vivent. Fatalement, il doit y avoir lutte, et lors même qu'il n'existerait sur notre globe que des individus appartenant à une seule espèce animale, cette espèce serait-elle l'Eléphant, considéré comme le moins fécond de tous les animaux, il arriverait un moment où ces individus se battraient entre eux, faute de nourriture ou d'espace. En effet, on peut admettre, sans crainte de se tromper, que l'Eléphant commence à se reproduire à l'âge de trente ans et qu'il continue jusqu'à quatre-vingt-dix. Dans cet intervalle, il met au monde seulement six petits et vit lui-même jusqu'à cent ans. Or, Charles Darwin a calculé que dans ces conditions, en sept cent cinquante ans, il y aurait déjà dix-neuf millions d'Eléphants vivants, tous provenant d'un seul couple. — Une plante annuelle, qui ne produirait en un an que dix graines fertiles, donnerait naissance, en vingt-cinq années, à dix septillions d'individus, etc.

Cette bataille universelle pour l'existence occasionne un perpétuel anéantissement de la vie. Tous les animaux qui se nourrissent de Vertébrés, de Mollusques, d'Insectes, de Vers, de Méduses, ou d'autres organismes plus inférieurs, ne peuvent vivre sans semer continuellement la mort dans le monde animal dont ils font partie ; et les autres détruisent à chaque instant une immense quantité de végétaux. Outre les guerres qu'ils se livrent pour la nourriture, les animaux ont encore à lutter contre les influences atmosphériques, telles que le froid, la chaleur, l'humidité, la sécheresse, les vents, les orages, etc., et contre le nombreux cortège des maladies de toute sorte, qui amènent la mort d'un grand nombre d'entre eux.

Le combat pour la vie s'exerce également chez les plantes, comme plusieurs botanistes l'ont nettement démontré. Ainsi, lorsqu'on laisse pousser du gazon qui a été très-souvent fauché ou que des animaux ont l'habitude de brouter, les plantes les plus vigoureuses ou les mieux adaptées à la nature du sol tuent graduellement celles qui le sont le moins. Dans une petite pelouse de gazon ayant trois pieds de large sur sept de long, dit Charles Darwin (1), sur vingt espèces de plantes qui s'y trouvaient, neuf d'entre elles ont péri, parce qu'on a laissé croître librement les autres, Si l'on sème dans un champ, dit Louis Büchner (2), diverses espèces de Froment mélangées ensemble, que l'année suivante on ensemence ce champ avec la graine recueillie, et que l'on continue ainsi pendant un certain temps, sans introduire de nouvelle semence, il ne reste bientôt plus qu'un petit nombre des espèces primitivement mélangées, et ces espèces sont, comme on se l'imagine aisément, les plus vigoureuses, les plus fécondes, et les mieux

(1) Charles Darwin. --- *L'Origine des Espèces*, traduit sur l'édition anglaise définitive, par Éd. Barbier, Paris, Reinwald, 1882, p. 74.

(2) Louis Büchner. --- *Conférences sur la théorie darwinienne*, traduit de l'allemand d'après la seconde édition, par Auguste Jacquot, Paris, Reinwald, 1869, p. 30.

adaptées au terrain où elles vivent. Ces exemples de luttes entre les végétaux sont des plus fréquentes et des plus faciles à constater.

Non-seulement les animaux se livrent d'incessantes batailles ; non-seulement les plantes luttent entre elles pour subsister, mais il existe, en outre, de fréquents rapports entre les animaux et les végétaux, dans le combat pour l'existence. Ces rapports, souvent simples, parfois très-complexes, sont des plus intéressants et des plus instructifs. Obligé d'être bref, je n'en citerai qu'un seul :

« Après de nombreuses expériences, dit Charles Darwin (1), j'ai reconnu que le Bourdon est presque indispensable pour la fécondation de la Pensée (*Viola tricolor*, L.), parce que les autres Insectes du genre Abeille ne visitent pas cette fleur. J'ai reconnu également que les visites des Abeilles sont nécessaires pour la fécondation de quelques espèces de Trèfle : vingt pieds de Trèfle de Hollande (*Trifolium repens*, L.), par exemple, ont produit deux mille deux cent quatre-vingt-dix graines, alors que vingt autres pieds, dont les Abeilles ne pouvaient pas approcher, n'en ont pas produit une seule. Le Bourdon seul visite le Trèfle rouge, parce que les Abeilles ne peuvent pas en atteindre le nectar. On affirme que les Lépidoptères nocturnes peuvent féconder cette plante, mais j'en doute fort, parce

(1) *L'Origine des Espèces*, p. 79.

que le poids de leur corps n'est pas suffisant pour déprimer les pétales alaires. Nous pouvons donc considérer comme très-probable que si le genre Bourdon venait à disparaître ou devenait très-rare en Angleterre, la Pensée et le Trèfle rouge deviendraient aussi très-rares ou disparaîtraient complètement. Le nombre des Bourdons, dans un district quelconque, dépend, dans une grande mesure, du nombre des Mulots qui détruisent leurs nids et leurs rayons de miel. Or, le colonel Newman, qui a longtemps étudié les habitudes du Bourdon, croit que « plus des deux tiers de ces Insectes sont ainsi détruits chaque année en Angleterre ». D'autre part, chacun sait que le nombre des Mulots dépend essentiellement de celui des Chats, et le colonel Newman ajoute : « j'ai remarqué que les nids de Bourdon sont plus abondants près des villages et des petites villes, ce que j'attribue au plus grand nombre de Chats qui détruisent les Mulots ». Il est donc parfaitement possible que la présence d'un animal félin dans une localité puisse déterminer, dans cette même localité, l'abondance de certaines plantes, en raison de l'intervention des Souris et des Abeilles ». — Cet exemple, auquel il faut attacher une importance toute relative, nous offre une excellente démonstration des rapports, parfois si compliqués, qui existent dans le combat pour l'existence.

Forcément, la bataille de la vie est d'autant plus active, d'autant plus acharnée, que les espèces ont entre elles le plus d'analogies, car elles se rencontrent sans cesse sur le même champ commun. Vous savez tous, Messieurs, que le plus redoutable ennemi du Rat noir est le Rat Surmulot. Dans certaines parties des Etats-Unis, une espèce d'Hirondelle a causé l'extinction d'une autre espèce. Le développement du Merle Draine a déterminé, dans plusieurs contrées de l'Ecosse, la rareté croissante de la Grive musicienne. L'Abeille, importée en Australie par les Anglais, a exterminé rapidement la petite Abeille indigène, dépourvue d'aiguillon, etc., etc.

Ainsi, la nature nous offre le triste spectacle d'une bataille universelle et incessante pour l'existence, régnant entre tous les êtres vivants, quel que soit leur degré de développement ou de perfection. Dans ces luttes, dans ces guerres perpétuelles, sont déchaînées toutes les forces d'anéantissement de la vie. Les gros mangent les petits ; les faibles sont à la merci des forts. Et, comme le dit Haeckel (1), dans sa magistrale *Histoire de la création naturelle*, le mobile qui rend cette lutte nécessaire, qui partout la modifie et lui donne sa physionomie, est le mobile de la conservation de soi-même ; aussi bien de la conservation de l'individu (mobile de la nutrition) que de la conservation de l'espèce (mobile de la reproduction).

(1). Ernest Haeckel. — *Histoire de la création naturelle ou doctrine scientifique de l'évolution*, traduit de l'allemand par le Dr Ch. Letourneau, et revu sur la septième édition allemande, Paris, Reinwald, 3e édit., 1884, p. 191.

La lutte pour l'existence ne produit pas les mêmes effets dans notre espèce, parce que l'Homme étant un animal arrivé à une très-haute perfection relative, sait protéger ceux que le hasard a fait naître dans des conditions défavorables, au point de vue physique ou au point de vue moral. Grâce à la division du travail, déjà très-développée chez certains animaux, comme les Fourmis et les Abeilles, et qui est arrivée à une admirable perfection dans les sociétés humaines, chaque Homme peut exercer un métier en rapport avec ses facultés physiques ou intellectuelles. Enfin, par sa merveilleuse intelligence, l'Homme peut aussi se soustraire presque complètement aux attaques des autres animaux et aux multiples influences néfastes du sol et de l'atmosphère. Mais, dans la nature, il n'y a pas de lois morales ; aussi, les forces brutales y règnent-elles en maîtresses absolues. « La force prime le droit », telle est l'une des grandes lois du monde animal, loi qui donne un éclatant démenti à ceux qui veulent voir dans la nature un accord admirable, produit par une puissance mystérieuse, d'une justice et d'une bonté infinies.

Revenons maintenant aux effets de l'hérédité et de l'adaptation. Parmi les variations individuelles, physiques ou morales, déterminées par la dernière de ces deux fonctions physiologiques, il s'en trouve qui sont essentiellement avantageuses à l'individu ou à l'espèce dans la lutte pour la vie. Ces variations avantageuses, comme je vous l'ai dit, Messieurs, dans ma première Causerie, sont multiples et très-différentes. Elles peuvent être : pour l'individu, la grandeur ou la petitesse, la résistance au jeûne ou aux températures extrêmes, la couleur, la rapidité de la course ou du vol, la vigueur, la nature des moyens d'attaque et de défense, l'habileté dans la recherche de la nourriture, la ruse, la perfection des instincts, etc.; pour l'espèce, une fécondité plus grande, une faculté d'adaptation plus rapide et plus complète au milieu ambiant, etc. Aussitôt que l'un de ces avantages se sera produit chez un individu quelconque, il se transmettra par hérédité à ses descendants et s'accentuera de plus en plus, par le fait même de son utilité dans le combat pour la vie. Après un certain nombre de générations, ces variations individuelles seront devenues des races ou des variétés, si nombreuses chez les animaux et les végétaux, et qui, dans la pensée de tous les transformistes, sont des espèces en voie de formation.

Mais la lutte pour la vie s'exerce de même, ce qui est évident, sur les races et sur les variétés. Les modifications avantageuses que présenteront ces races et ces variétés continueront donc forcément à s'accentuer de plus en plus, et détermineront ainsi des changements qui, on le comprend aisément, se porteront tout aussi bien sur les organes génitaux et les éléments reproducteurs que sur les autres parties de l'organisme. L'exemple du Lapin de

Porto-Santo ne donnant plus de produits avec le Lapin européen dont il descend, et de plusieurs autres faits analogues, en sont un témoignage irréfutable. Il arrivera donc un moment où les modifications affectant les organes reproducteurs seront assez profondes, pour que deux races ou deux variétés d'une même espèce ne se reproduisent plus entre elles ou donnent naissance à des produits stériles. A ce moment, ces deux races ou ces deux variétés seront devenues deux espèces différentes, d'après la définition même de l'espèce. J'ajouterai que les adversaires du transformisme, qui soutiennent que l'espèce est fixe, et qui regardent comme appartenant à deux espèces bien distinctes deux animaux ne se reproduisant pas entre eux, devraient, logiquement, considérer le Terre-Neuve et le Bichon comme deux espèces distinctes, puisque ces Chiens, par le fait même de la disproportion de leur taille et de leur appareil reproducteur, ne peuvent pas s'accoupler et, conséquemment, se reproduire. Par contre, le Lévrier et le Boule-Dogue, qui se reproduisent très-facilement et donnent naissance à des métis d'une fécondité illimitée, ne seraient, pour cette raison, que deux races de la même espèce; cependant, par l'ensemble de leurs particularités anatomiques et instinctives, ils diffèrent tout autant l'un de l'autre que le Terre-Neuve du Bichon. On arrive ainsi à des contradictions manifestes; mais les anti-transformistes n'aiment pas, en général, à parler des animaux domestiques et des plantes cultivées, parce que ces animaux et ces plantes montrent, jusqu'à l'évidence, les changements énormes que la même espèce est capable de présenter. Il est vrai qu'un adversaire du transformisme, le zoologiste Andréas Wagner, de Munich, a soutenu très-sérieusement que Dieu avait créé les animaux et les plantes sauvages à l'état d'espèces nettement distinctes et incapables de se modifier; puis, après avoir modelé l'Homme à l'aide d'un bloc de limon, il avait créé, spécialement pour lui, les animaux et les plantes domestiques, qu'il ne prit pas la peine, à cause de leur usage, de différencier en espèces.

Tous les faits que nous venons d'étudier peuvent, Messieurs, se résumer en deux principaux : 1° l'adaptation détermine des variations individuelles, avantageuses ou désavantageuses dans la lutte pour la vie ; 2°, par l'action de la lutte pour la vie, ces dernières occasionnent la mort des individus qui les possèdent, tandis que les variations avantageuses, transmises par hérédité de génération en génération, s'accentuent forcément de plus en plus, à cause même de leur utilité, et produisent, d'abord des races et des variétés, puis, finalement, des espèces différentes. L'espèce est donc susceptible de se modifier et de donner naissance à d'autres espèces. — La doctrine transformiste réside toute entière dans cette seule vérité.

La nature, au moyen de la lutte pour la vie, fait

ainsi un choix continuel et inconscient, une sélection irréfléchie mais parfaite, des êtres vivants qui doivent subsister ; c'est à ce choix que Charles Darwin a donné le nom de

Sélection naturelle.

Semblable, par sa manière d'agir, aux forces physico-chimiques qui déterminent les incessantes transformations de la matière, la sélection naturelle s'exerce très-lentement et d'une façon continue, pendant des milliers de siècles. D'ailleurs, les actions subites et violentes sont accidentelles dans la nature, et leurs effets toujours plus ou moins localisés.

La sélection naturelle, je tiens à le répéter, a une importance considérable et prépondérante dans l'évolution des êtres vivants. C'est elle qui occasionne l'anéantissement de toutes les espèces insuffisamment douées pour la bataille de la vie, espèces que nous retrouvons à l'état fossile ; c'est elle aussi qui détermine l'évolution des animaux et des plantes, et la production de nouvelles espèces, plus aptes à lutter pour l'existence, et de mieux en mieux adaptées au milieu où elles vivent. De cette manière, la sélection naturelle conduit à un perfectionnement progressif, dont nous avons un irrécusable témoignage dans les couches géologiques de notre globe. En effet, quand on étudie les faunes et les flores qui se sont succédées pendant les différentes périodes de la formation de notre planète, on observe un perfectionnement de plus en plus grand, à mesure que l'on se rapproche de la faune et de la flore actuelles. Les animaux et les végétaux des couches les plus anciennes étaient remarquables par la simplicité et l'uniformité relative de leur organisation (1). Peu à peu, les Vertébrés ont apparu; d'abord, ce ne furent que quelques Poissons inférieurs, dont on signale déjà plusieurs types dans la partie tout à fait supérieure du système silurien, puis des Batraciens et des Reptiles gigantesques, des Mammifères inférieurs, des Oiseaux, des Mammifères supérieurs, et enfin l'Homme, qui paraît avoir existé, à un état voisin du Singe, dès l'époque tertiaire. Du reste, il suffit d'ouvrir un livre quelconque de géologie ou de paléontologie, pour se convaincre immédiatement de la réalité de ce perfectionnement progressif. Rappelons, à ce propos, que les partisans de la doctrine des révolutions du globe et des créations successives ont toujours reconnu que les animaux et les plantes, créés après chaque révolution subite de la surface terrestre, étaient, d'une manière générale, plus parfaits que les précédents. Comme conséquence logique de ces faits, il faut admettre que la force mystérieuse qui, d'après les adversaires du transformisme, a créé toutes les espèces animales et végétales, était incapable d'atteindre de suite un

(1). Tous les organismes primordiaux, qui n'étaient composés que de masses protoplasmiques plus ou moins différenciées, comme le sont les Monères, les Infusoires, les Myxomycètes, etc., n'ont laissé aucune trace dans les terrains primitifs, par le fait même de leur structure.

haut degré de perfection, puisque c'est par une série de tâtonnements successifs qu'elle serait arrivée à créer la faune et la flore actuelles, incontestablement supérieures, comme perfection, à celles qui les ont précédées. Mais cette idée d'incapacité, de tâtonnements répétés, n'est-elle pas en opposition flagrante avec celle de puissance absolue, d'intelligence infinie? Je vous laisse, Messieurs, le soin de répondre vous-mêmes à cette très-importante question.

La loi du progrès, résultat fatal et heureux de la sélection naturelle, se manifeste au plus haut degré dans l'espèce humaine, spécialement au point de vue intellectuel, puisque c'est par l'étendue et la supériorité de son intelligence que l'Homme diffère le plus des grands Singes anthropomorphes. A part quelques moments de recul, comme le Moyen-Age, par exemple, époque à laquelle fleurissaient la torture et le bûcher, à part ces moments néfastes qui flétrissent pour jamais ceux qui les ont causés, l'humanité a marché constamment dans la voie des inventions et des découvertes, et, sans nul doute, le dix-neuvième siècle aura une place des plus glorieuses dans l'histoire de la civilisation et des conquêtes de l'intelligence humaine.

Le darwinisme n'est pas, Messieurs, comme ses adversaires l'ont toujours répété, une hypothèse ingénieuse, mais sans justification. « En effet, dit Haeckel (1), la dénomination d'hypothèse ne con-

(1) *Op. cit.*, p. 23.

vient pas à la théorie darwinienne, car une hypothèse scientifique est une supposition basée sur des propriétés, des phénomènes de mouvement encore inconnus, n'ayant jamais été contrôlés par les sens, mais que l'on attribue aux corps de la nature. Or, la théorie darwinienne ne suppose aucun fait ignoré de ce genre ; elle a pour base des propriétés générales depuis longtemps reconnues dans les organismes, et c'est, comme nous l'avons déjà remarqué, le groupement si compréhensif, si extrêmement ingénieux d'une quantité de phénomènes jusqu'alors isolés, qui donne à cette théorie son extraordinaire importance ; par elle, nous parvenons, pour la première fois, à attribuer à une cause efficiente l'ensemble des phénomènes morphologiques généraux, constatés dans le monde des animaux et dans celui des plantes ; cette cause est une, toujours la même, c'est l'action combinée de l'hérédité et de l'adaptation, c'est, en outre, une cause physiologique, c'est-à-dire un rapport physico-chimique ou mécanique. Pour ces motifs, l'acceptation de la doctrine généalogique, fondée par Charles Darwin sur des bases mécaniques, est, pour la zoologie et la botanique tout entières, une impérieuse et inévitable nécessité ».

L'immortel mérite de Charles Darwin est d'avoir montré que tous les animaux et tous les végétaux, si admirablement adaptés au milieu dans lequel ils vivent, étaient arrivés à ce haut degré de perfection relative par la seule action d'une cause insconciente et brutale : la sélection naturelle. Sans doute, le fait que l'organisation de tous les êtres vivants est dans un rapport parfait avec leurs multiples conditions d'existence, pourrait laisser croire qu'une force supérieure et intelligente les a créés en vue d'un but fixé d'avance. Il n'en est cependant rien. Si les animaux des pays froids sont pourvus d'une épaisse fourrure les protégeant contre les rigueurs du climat. Si beaucoup d'animaux présentent une coloration identique à celle des objets sur lesquels ils vivent, leur permettant d'échapper ainsi à leurs ennemis. Si les animaux possédent de remarquables facultés instinctives, qui sont pour eux d'une très-grande utilité. Si, enfin, toutes les espèces animales et végétales nous offrent le spectacle d'une merveilleuse harmonie entre leur organisation et leurs besoins, c'est grâce à la sélection naturelle, loi fatale et aveugle qui protège les forts contre les faibles, les mieux doués et les plus aptes pour soutenir la grande et incessante bataille de la vie, déterminant ainsi l'évolution des êtres vivants, leur adaptation de plus en plus parfaite au milieu où ils vivent, et un perfectionnement progressif et sans limites.

En un mot, la sélection naturelle a donné une solution des plus claires à ce grand problème, considéré jusqu'alors comme insoluble, et sur lequel je prends la liberté, Messieurs, d'appeler toute votre attention : comment des êtres vivants, dont chacun est parfaitement adapté à un but spécial, ont-ils pu se développer sans l'intervention d'une cause agissant en vue de ce but ; ou, si vous le préférez : comment cet édifice de la nature, d'une complexité et d'une régularité admirables, a-t-il pu s'élever sans un plan conçu d'avance et sans aucune cause intelligente, par la seule action de forces physico-chimiques, de forces mécaniques, forces d'une puissance infinie, mais brutales et inconscientes.

Près de la sélection naturelle dont je tenais à parler longuement, vu son extrême importance, nous devons placer un autre mode de sélection, agissant également sous l'action irréfléchie de la nature, et qui a produit de très-grands résultats : celui de la

Sélection sexuelle.

Vous savez tous, Messieurs, que chez les animaux à sexes séparés, comme le sont un très-grand nombre d'Invertébrés et tous les Vertébrés (1), les mâles diffèrent des femelles, en outre de leurs organes reproducteurs qui constituent les caractères sexuels primaires, par d'autres caractères n'ayant pas de rapport direct avec l'acte de la reproduction. Ces caractères particuliers, désignés par Hunter sous le nom de caractères sexuels secondaires, sont très-

(1) Il y a cependant quelques rares exceptions ; entre autres les *Serranus* et les *Chrysophrys*, qui sont des Poissons normalement hermaphrodites.

nombreux et très-diversifiés dans le règne animal.

Chez le mâle, ce sont des armes offensives ou défensives (cornes du Cerf-Volant, ergots du Coq, bois du Cerf, défenses de l'Eléphant, etc.); une riche coloration ou des ornements spéciaux (plumage des Oiseaux de paradis, des Faisans, du Paon, des Canards, crête du Coq, caroncules du Dindon, crinière du Lion et de certains Singes, barbe de l'Homme, etc.); un bruit ou un chant spécial (Grillons, Sauterelles, Cigales, Grenouilles, Oiseaux, etc.); une taille plus grande (Oiseaux, Mammifères, etc.) ou plus petite (différents Crustacés, presque tous les Insectes, etc.); des organes des sens plus développés (antennes des Coléoptères Lamellicornes et Longicornes, des Lépidoptères Bombycides, etc.); une coloration plus brillante ou des appendices particuliers au moment des amours (Macropode de Chine, Triton à crête, etc.); des mœurs différentes (Cousins, Taons, etc.); etc., etc.

Chez la femelle, ces caractères sexuels secondaires se présentent sous forme d'organes destinés au développement des œufs, à la protection des petits, à leur alimentation (poches incubatrices de certains Crustacés, poches abdominales des Marsupiaux, mamelles des Mammifères, etc.); etc., etc.

Au premier abord, ces multiples caractères particuliers, si admirablement adaptés aux besoins de chaque sexe, pourraient faire croire qu'une force intelligente les a créés en vue d'un but fixé d'avance, se plaisant à les diversifier de mille manières, peut-être pour satisfaire son extrême fantaisie. Une telle interprétation serait complètement erronée, car elle reposerait uniquement sur le miracle et le mystère, explications qui ont suffi jusqu'alors à beaucoup de personnes, mais qui sont indignes d'un esprit cultivé. La formation et le développement des caractères sexuels secondaires n'a, au contraire, rien de mystérieux et d'inexplicable, car tous ces caractères ont été produits par l'action unique d'un mode particulier de sélection naturelle, désigné par Charles Darwin sous le nom de *sélection sexuelle*.

Par sa manière d'agir, la sélection sexuelle est identique à la sélection naturelle, mais elle a pour effet la conservation de l'espèce au lieu de celle de l'individu. Son point de départ est aussi cette faculté d'adaptation ou variabilité, inhérente à tous les êtres vivants, et qui détermine chez les mâles des variations individuelles, avantageuses ou désavantageuses, dans les luttes sanglantes ou pacifiques qu'ils soutiennent pour obtenir les femelles. Les modifications avantageuses, très-différentes les unes des autres, peuvent être, chez les mâles : la présence, à l'état tout-à-fait rudimentaire, d'armes offensives ou défensives, leur assurant la victoire dans les combats qu'ils se livrent entre eux pour la possession des femelles ; une coloration un peu plus brillante ou l'apparition d'un ornement quelconque, servant à captiver les femelles qui font un choix souvent très-judicieux de leur mâle, comme l'ont démontré beaucoup d'observateurs; des organes des sens un peu plus développés, tels que ceux de la vue ou de l'odorat, leur permettant d'apercevoir ou de sentir les femelles de plus loin que les autres; des cris plus forts ou un chant plus mélodieux, attirant ou captivant les femelles; etc., etc.

Dès que l'une de ces variations avantageuses se sera présentée chez un mâle arrivé à l'âge de se reproduire, c'est-à-dire à l'état adulte, il n'est pas douteux qu'elle ne lui permette de remporter sur ses rivaux une lutte sanglante ou pacifique, suivant qu'il aura fait usage, pour posséder ou séduire la femelle, de ses armes ou de sa beauté. Mais, d'autre part, il a été prouvé que ce sont les animaux les plus sains et les plus vigoureux qui sont les premiers aptes à se reproduire. On comprend donc facilement que dans cette lutte, ce seront les mâles pourvus d'un avantage quelconque qui remporteront toujours la victoire et pourront s'accoupler les premiers, possédant ainsi les femelles les plus vigoureuses, capables de donner naissance à une progéniture plus nombreuse et plus robuste. Par contre, les mâles moins bien doués pour cette lutte ne trouveront pas de femelles, car ils sont parfois en excès dans certaines espèces, ou ne trouveront que celles qui s'accouplent tardivement, c'est-à-dire les moins robustes, dont les petits seront plus ou moins débiles, et, par cela même, peu aptes à fonder une longue famille.

En résumé, ce sont les mâles présentant un avantage quelconque dans le combat pour la possession des femelles qui triompheront de leurs rivaux, soit en les tuant, soit en les empêchant de se reproduire, soit en ne leur laissant que des femelles peu vigoureuses. Ces avantages se transmettront aux descendants de ces individus, grâce à l'hérédité qui ne perd jamais ses droits, et s'accentueront de plus en plus à chaque génération, par le fait même de leur utilité, produisant ainsi, après un nombre considérable de générations, ces caractères sexuels secondaires si remarquables, dont on n'avait donné, avant Charles Darwin, aucune explication satisfaisante.

La sélection sexuelle est en elle-même une action très-compliquée, car elle dépend de l'ardeur, du courage, et de la rivalité des mâles ; du goût et de la volonté des femelles ; et, en outre, elle présente des rapports très-étroits avec la sélection naturelle. Les effets qu'elle produit réclamaient une étude des plus attentives, des plus minutieuses. Charles Darwin l'a entreprise et lui a consacré plus de six cents pages, énumérant un très-grand nombre de faits observés chez des animaux de toutes les classes, faits dont chacun peut vérifier l'exactitude, et qui confirment excellemment sa théorie de la sélection sexuelle. Je ne saurais mieux faire que de reproduire ici une partie du résumé général et des conclusions de cet immortel naturaliste :

« La sélection sexuelle, dit Charles Darwin (1), paraît n'avoir exercé aucun effet sur les divisions inférieures du règne animal ; en effet, les êtres qui composent ces divisions restent souvent fixés pour la vie à la même place: ou les deux sexes se trouvent réunis chez le même individu, ou, ce qui est plus important, leurs facultés perceptives et intellectuelles ne sont pas assez développées pour leur permettre, soit des sentiments d'amour et de jalousie, soit l'exercice d'un choix.

« Mais, lorsque nous en arrivons aux Arthropodes et aux Vertébrés, même dans les classes les plus inférieures de ces deux grands sous-règnes, nous voyons que la sélection sexuelle a produit de grands effets ; et il est à remarquer que nous y trouvons un développement des facultés intellectuelles poussé au niveau le plus élevé, dans deux classes distinctes, à savoir : chez les Hyménoptères (Fourmis, Abeilles, etc.) parmi les Arthropodes ; et chez les Mammifères, l'Homme compris, parmi les Vertébrés.

« Dans les classes les plus distinctes du règne animal, Mammifères, Oiseaux, Reptiles, Poissons, Insectes, et même Crustacés, les différences entre les sexes suivent presque exactement les mêmes règles. Les mâles recherchent presque toujours les

(1) Charles Darwin. — *La Descendance de l'Homme et la sélection sexuelle*, trad. de l'anglais par J.-J. Moulinié, 2me édit., revue sur la dernière édition anglaise par M. E. Barbier, Paris, Reinwald, 2 vol., 1873 et 1874, t. II, p. 431.

femelles, et seuls sont armés de moyens spéciaux pour combattre leurs rivaux. Il sont généralement plus grands et plus forts que les femelles, et doués des qualités courageuses et belliqueuses nécessaires. Ils sont pourvus, soit exclusivement, soit à un plus haut degré que les femelles, d'organes propres à produire une musique vocale ou instrumentale, ainsi que de glandes odorantes. Ils sont ornés d'appendices infiniment diversifiés et de colorations vives et apparentes, disposées souvent avec une grande élégance, tandis que les femelles restent sans ornementation. Lorsque les sexes diffèrent de structure, c'est le mâle qui possède des organes de sens spéciaux pour découvrir la femelle, des organes de locomotion pour la rejoindre, et souvent des organes de préhension pour la retenir. Ces diverses conformations, destinées à charmer les femelles et à s'en assurer la possession, ne se développent souvent chez le mâle que pendant une période de l'année, la saison des amours. Dans bien des cas, ces conformations ont été transmises à un degré plus ou moins prononcé aux femelles, chez lesquelles pourtant elles ne représentent alors que de simples rudiments. La castration les fait disparaître chez les mâles. En général, elles ne sont pas développées chez les jeunes mâles, et n'apparaissent que peu de temps avant l'âge où ils sont en état de se reproduire. Aussi, dans la plupart des cas, les jeunes des deux sexes se ressemblent-ils, et la femelle ressemble-t-elle toute sa vie à sa progéniture. On rencontre, dans presque chaque grande classe, quelques cas anomaux dans lesquels on remarque une transposition presque complète des caractères particuliers aux deux sexes; les femelles revêtent alors des caractères qui appartiennent en propre aux mâles. Cette étonnante uniformité des lois qui règlent les différences entre les sexes, dans tant de classes fort éloignées les unes des autres, se comprend si nous admettons, dans toutes les divisions supérieures du règne animal, l'action d'une cause commune : la sélection sexuelle.

« La sélection sexuelle dépend du succès qu'ont, en ce qui est relatif à la propagation de l'espèce, certains individus sur d'autres individus du même sexe, tandis que la sélection naturelle dépend du succès des deux sexes, à tout âge, relativement aux conditions générales de la vie. La lutte sexuelle est de deux sortes : elle a lieu entre individus du même sexe, ordinairement le sexe masculin, dans le but de chasser ou de tuer leurs rivaux, les femelles demeurant passives ; ou bien la lutte a également lieu entre individus de même sexe, pour séduire et attirer les femelles, généralement les femelles ne restent point passives et choisissent les mâles qui ont pour elles le plus d'attrait ».

Pour résumer, nous pouvons dire que la sélection sexuelle fournit une explication claire et des plus satisfaisantes de la formation et du développement de ces nombreux caractères sexuels secondaires qui, jusqu'alors, avaient tant intrigué les naturalistes et les philosophes.

Peut-être devrais-je parler aussi de l'origine et de l'évolution des caractères sexuels primaires, c'est-à-dire des organes reproducteurs, mais cette question, encore assez obscure, me ferait sortir de mon sujet.

Sélection artificielle.

A côté des sélections naturelle et sexuelle, résultats de forces inconscientes de la nature, il faut citer la sélection artificielle, qui a été produite par l'action raisonnée de l'Homme, et à laquelle nous devons ces races et ces variétés si curieuses, chez les animaux domestiques et les plantes cultivées. La sélection artificielle, résultat d'une cause essentiellement consciente, et qui, à ce point de vue, diffère totalement des sélections naturelle et sexuelle, a une importance considérable pour la démonstration du transformisme, car nous connaissons, en partie, les causes qui ont déterminé la formation et le développement des races et des variétés, sous l'influence de la domestication. Ce sujet réclame une étude approfondie, et comme il s'agit ici de recherches et d'expériences faites par l'Homme, dans le but d'améliorer les animaux et les plantes qui lui sont utiles, je le réserve pour ma prochaine Causerie, que je consacrerai entièrement à la sélection artificielle et au transformisme expérimental.

Action modificatrice du milieu ambiant.

Nous avons vu précédemment, à propos de la faculté d'adaptation ou variabilité, commune à tous les êtres vivants, que la nourriture, le sol, le climat, etc., ou, en termes plus généraux, le milieu ambiant, déterminaient des modifications chez les organismes. Ce sont ces modifications que nous allons étudier à présent d'une manière plus complète, pour en déduire les conclusions principales.

Personne ne met en doute que le milieu ambiant ou cosmique n'ait une certaine influence sur les organismes, mais, en général, on ne s'occupe pas assez de cette influence, et l'on croit volontiers que les modifications produites sont légères et superficielles. Des faits très-nombreux viennent cependant contredire, d'une manière absolue, cette opinion trop souvent acceptée. J'en citerai seulement quelques-uns, choisis parmi les animaux et les plantes, voulant éviter une longue énumération, toujours fastidieuse, et qui, d'ailleurs, ne serait pas en rapport avec le but de cette Causerie.

Dans le règne animal, les Chevaux nous offrent de très-bons exemples des importantes modifications que peut produire le changement des conditions d'existence. Tout le monde sait, dit Charles Darwin (1), que les Chevaux deviennent petits dans les

(1) Charles Darwin. — *De la variation des animaux et des plantes à l'état domestique*, trad. sur la seconde édition anglaise par Ed. Barbier, Paris, Reinwald, 2 vol., 1879 et 1880, t. I, p. 57.

îles du Nord et sur les montagnes de l'Europe. La Corse et la Sardaigne possèdent leurs poneys indigènes. On trouve encore, dans quelques îles de la côte de la Virginie, des poneys semblables à ceux des îles Shetland, dont on attribue l'origine à l'action défavorable du milieu où ils vivent. D'après Forbes, les poneys punos, qui habitent les régions élevées des Cordillères, sont de petits animaux très-différents de leurs ancêtres espagnols. Plus au Sud, dans les îles Falkland, les descendants des Chevaux importés en 1764 ont tellement dégénéré en taille et en force, qu'ils ne peuvent plus être employés à chasser au lasso le bétail sauvage; aussi, est-on obligé, pour cette chasse, de faire venir à grands frais des Chevaux de la Plata.

En Corse, les Chevaux et les Chiens se couvrent de taches. A Angora, non-seulement les Chèvres, mais aussi les Chiens et les Chats ont un poil fin et laineux. Parmi les Carnivores, le Renard présente des variations très-grandes d'un pays à l'autre, et parfois même dans des localités voisines, comme le savent fort bien les chasseurs et les marchands de pelleteries. A mesure que l'on s'avance vers le Nord, il possède une taille de plus en plus grande et une fourrure plus longue, plus abondante et plus fine. Le Renard de Norwége surpasse tellement, à ces différents points de vue, les autres variétés, que les naturalistes en auraient certainement fait une espèce distincte, s'ils n'avaient eu sous les yeux la série complète des formes intermédiaires entre le type norwégien et ceux des pays méridionaux. Un autre exemple remarquable de l'action du milieu cosmique est celui de la Panthère, si fréquemment noire à Java qu'on a cru longtemps à l'existence, dans cette île, d'une espèce particulière à pelage noir. Citons encore les très-nombreuses variétés de couleur, inhérentes à certaines localités, et dont la Sangsue, l'Ecrevisse, la Truite, la Grenouille verte, le Jaguar, etc., nous offrent des témoignages connus de tout le monde. Enfin, nous pouvons indiquer aussi, comme preuve indéniable de la puissante action du milieu ambiant, les profondes modifications qu'ont éprouvé les parasites externes et internes, et rappeler combien est grande l'influence de l'altitude, de la lumière, de la température, de la profondeur de l'eau, etc., sur les différents organismes.

L'Homme, qui ne se distingue des animaux que par des différences de degré, est soumis forcément à l'action du milieu cosmique. « Quels que soient son génie et ses inépuisables ressources, dit Mathias Duval (1), il faut que l'Européen, devenu habitant des régions polaires, prenne quelque chose de l'Esquimau, comme il prend quelque chose de l'Africain sous les tropiques. Si lentes que soient les variations produites par le climat, cette influence, toujours en exercice, finit par être irrésistible. Varier ou mourir, telle est la loi de l'acclimatation.

(1) Mathias Duval. — *Le Darwinisme*, Paris, Adrien Delahaye et Emile Lecrosnier, 1886, p. 269.

« Souvent, ajoute le même auteur, les conditions de climat produisent des modifications singulières, dont le mécanisme est encore à trouver, mais qui n'en sont pas moins le résultat d'influences du milieu, comme le prouve l'exemple suivant : on sait que les femmes boschimanes portent au bas des reins une masse graisseuse dont la saillie est très-considérable. Or, cette stéatopygie, qu'on aurait pu considérer comme un caractère de race, ne serait, en définitive, qu'une variation produite par l'influence du pays. En effet, non-seulement elle se retrouve chez certaines tribus nègres, mais, bien plus, Livingstone nous apprend que certaines femmes de Boërs, d'origine hollandaise incontestable, commencent à en être atteintes. Du reste, pour que cet exemple perde le caractère trop singulier qu'il aurait en restant isolé, rappelons que certains Moutons de l'Asie centrale ont la queue réduite à un simple coccyx, de chaque côté duquel sont placées deux masses graisseuses hémisphériques, pesant de trente à quarante livres. Quand les Russes ont emmené ces Moutons hors des contrées où ils sont nés, cette stéatopygie a disparu en quelques générations (1). Voilà donc des caractères qui sont, à tous égards, dans une relation étroite avec des conditions générales de milieu ».

Laissez-moi, Messieurs, vous citer encore un

(1) A. de Quatrefages. — *L'Espèce humaine*, 4me édit., Paris, Germer Baillière et Cie, 1878, p. 39.

exemple remarquable et très-concluant de l'action des circonstances extérieures ; celui du Lapin de Porto-Santo.

En 1418 ou 1419, J. Gonzalès Zarco possédant à bord de son navire une Lapine espagnole domestique qui avait eu des petits pendant le voyage, lâcha la mère et les petits dans l'île de Porto-Santo, près de Madère. Ces animaux se reproduisirent si rapidement et firent tant de ravages que l'on dut abandonner les établissements de cette île. Cada Mosto rapporte que trente-sept ans plus tard, ces Lapins vivaient en nombre considérable, et aujourd'hui encore ils habitent l'île en grande quantité. Dans l'espace de quatre cent cinquante ans, ces Lapins ont produit une variété toute spéciale, caractérisée par une forme se rapprochant de celle du Rat, une taille beaucoup plus petite, une couleur particulière, des habitudes essentiellement nocturnes, et une sauvagerie extraordinaire. Mais le fait le plus important est que cette variété locale ne se reproduit plus avec son ancêtre le Lapin domestique, et, par conséquent, doit être considérée comme une véritable espèce.

Parmi les végétaux, nous trouvons également de nombreux exemples de l'action modificatrice du milieu ambiant. Ainsi, la Renoncule aquatique possède des feuilles extrêmement différentes, suivant que cette plante vit dans un milieu aquatique ou aérien. Les feuilles submergées sont molles et capillaires, tandis que les feuilles aériennes sont arrondies et simplement lobées. En outre, ces feuilles présentent toutes les transitions imaginables entre les deux formes extrêmes, si elles ont séjourné plus ou moins longtemps dans l'eau, ou si elles se trouvent dans une eau courante ou stagnante. Il n'est pas douteux qu'en mettant cette plante dans un milieu de plus en plus sec, elle serait fixée au bout d'un certain nombre de générations ; il faudrait agir alors pendant longtemps pour la faire retourner à son état primitif. Chacun sait que les feuilles de la Sagittaire, dont la forme en fer de flèche est si caractéristique, deviennent longues et rubanées lorsqu'elles poussent sous l'eau; cette particularité s'observe également chez le Plantain d'eau.

Lorsqu'on transporte une plante d'un pays chaud dans un pays froid, ou réciproquement, ses caractères se modifient généralement sous l'influence du climat. Ainsi, le Ricin, arbuste annuel dans le Nord de la France, devient un petit arbre vivace en Chine. Le Réséda est annuel chez nous, tandis qu'il est vivace et ligneux en Egypte. Le Chanvre de notre pays ne produit pas cette résine gélatineuse spéciale qui sert, en Orient, à la préparation du haschisch, et cependant les plantes de ces deux pays appartiennent à la même espèce. La racine des Sassafras de l'Amérique du Nord est très-odorante, mais celle des Sassafras cultivés en Europe n'a presque aucune odeur ; etc., etc. Rappelons, en terminant, que le terrain de certains districts du comté de Surrey, en Angleterre, possède la curieuse propriété de déterminer la panachure des feuilles.

En résumé, ces exemples, que l'on pourrait multiplier à l'infini, prouvent d'une manière évidente que les modifications produites par les circonstances extérieures, par le milieu cosmique, ne sont pas superficielles et renfermées dans des limites étroites, comme plusieurs naturalistes se plaisent encore à l'affirmer ; mais, au contraire, qu'elles sont quelquefois profondes et capables de donner naissance, non-seulement à des races et à des variétés, mais aussi à des espèces différentes.

Néanmoins, l'action du milieu ambiant n'aurait pu, à elle seule, déterminer l'évolution générale des êtres vivants. Elle a, sans conteste, une très-grande importance, mais une importance secondaire, et n'est, en aucune façon, la cause essentielle de la transformation des espèces ; cette cause étant la sélection naturelle.

Migrations et Isolement.

Nous venons de voir que le milieu ambiant, le milieu cosmique, exerce une influence plus ou moins grande sur les êtres vivants. Recherchons maintenant les causes qui occasionnent le changement de milieu des animaux et des végétaux, et qui, en les soumettant à de nouvelles conditions d'existence, contribuent par cela même à les modifier. Ces causes sont les *migrations* et l'*isolement*.

Les migrations exercent une puissante action sur les organismes, en les déplaçant et en les exposant à des milieux particuliers. Elles sont actives ou passives : *actives* chez les Criquets voyageurs, beaucoup d'Oiseaux, quelques Mammifères, etc., qui émigrent à cause du manque de nourriture, et chez les plantes dont les tiges rampent au-dessous ou à la surface du sol, comme le Houblon, le Chiendent, le Fraisier, etc.; *passives* chez un grand nombre d'animaux et de végétaux, dont les œufs, les jeunes, les adultes, et les graines, peuvent être transportés par le vent, par l'animal ou le végétal sur lequel ils vivent en parasites, par des glaces flottantes, par des plantes ou des fragments de bois, qui donnent souvent asile à des organismes différents, et que les tempêtes ou les courants transportent parfois à des distances considérables, etc.

Enfin, nous devons indiquer aussi les migrations très-lentes provoquées par les transformations de la surface du globe et par les changements climatologiques qui en sont les conséquences. Vous savez tous, Messieurs, que la Méditerranée fut jadis une mer intérieure, lorsqu'à la place du détroit de Gibraltar un isthme reliait l'Espagne à l'Afrique. A une période géologique récente, l'Angleterre n'était pas séparée du continent européen. De même, l'Europe a été reliée autrefois à l'Amérique septentrionale. L'Océan Pacifique formait, à une époque reculée, un vaste continent dont les nombreuses petites îles qui le parsèment aujourd'hui ne sont que les cimes des plus hautes montagnes, etc.

Ces changements de la surface du globe, qui s'opèrent très-lentement, mais d'une façon continue, et finissent par modifier considérablement la forme des continents et des mers, ont une grande influence sur la variation des animaux et des végétaux, car ils les forcent à émigrer et à s'exposer peu à peu à de nouvelles conditions biologiques.

A côté des migrations, il faut citer l'isolement des espèces animales et végétales, pouvant avoir lieu de diverses manières, mais dû, en général, à des mouvements du sol. Pour en donner un exemple, rappelons que le lac de Garde, distant aujourd'hui de la mer Adriatique d'une trentaine de lieues environ, était jadis un golfe de cette mer. Par suite d'exhaussements du sol, ce lac a été séparé de la mer, et l'eau a fini par devenir complètement douce, grâce aux torrents et aux ruisseaux qui s'y déversaient. Dans ce changement de milieu, la plupart des organismes ont péri, mais certains d'entre eux, qui pouvaient supporter ces nouvelles conditions d'existence, se sont modifiés d'une manière remarquable, notamment de nombreuses espèces de Poissons et de Crustacés. Des faits identiques ont été observés en Suède dans les lacs Wener et Wetter, et en Russie dans le lac Ladoga. Ces exemples nous prouvent que des organismes peuvent parfois être soumis à un milieu entièrement différent, sans qu'il y ait eu déplacement ou migration.

Partant de ce fait que les migrations et l'isolement déterminent la transformation des espèces, en changeant leurs conditions vitales, un naturaliste allemand, Moritz Wagner, a établi une nouvelle théorie transformiste, celle de l'*isolation* ou *ségrégation* (segregare ; séparer, isoler). D'après lui, les migrations et l'isolement sont les causes essentielles de l'évolution des espèces, et il cite, à l'appui de sa théorie, de nombreux exemples très-démonstratifs. Parmi ces exemples, l'un des plus concluants est, sans contredit, l'existence des faunes et des flores insulaires. En effet, tous les naturalistes savent que les îles de l'océan Pacifique, celles de la Grèce, les Açores, les Canaries, les oasis du Sahara formant des îlots distincts, et, en général, toutes les régions isolées, possèdent des variétés locales et constantes en nombre infini, ainsi que des espèces spéciales à la région qu'elles habitent. Il est de toute évidence que ces races, que ces variétés, que ces espèces locales ont été produites par l'action du milieu ambiant, comme le fait a eu lieu pour le Lapin de Porto-Santo. Et nous pouvons ajouter que si l'on refuse au milieu ambiant l'action modificatrice dont il nous donne des preuves si nombreuses et si concluantes, la formation des faunes et des flores insulaires devient inexplicable, à moins d'admettre que Dieu ait pris le soin de créer une à une toutes les races, variétés, et espèces de ces faunes et de ces flores spéciales. — J'ose espérer, Messieurs, que vous refuserez cette dernière explication, bizarre et anti-scientifique, et que vous reconnaîtrez, avec la grande majorité des savants de notre époque, qu'il est absurde de prétendre qu'une espèce quelconque ait pu être créée de toutes pièces, subitement, et sans aucune préparation.

La théorie de la ségrégation, dont le point de départ est l'action modificatrice du milieu ambiant, a certainement une grande importance, mais elle a été beaucoup trop exagérée par son auteur, qui a voulu la substituer au darwinisme. En réalité, cette théorie n'est point la base, mais un puissant soutien de la doctrine transformiste.

Métissage ET Hybridité.

Avant de terminer l'examen des causes qui ont produit l'évolution des espèces, je dois citer l'action du croisement d'individus dissemblables, appelé *métissage* lorsqu'il a lieu entre des races ou des variétés, et *hybridité* quand il s'opère entre des espèces différentes. Cette action n'a joué qu'un rôle tout à fait secondaire dans la formation d'espèces nouvelles, car nous savons que les métis et les hybrides sont presque toujours stériles. Néanmoins, dans certains cas, l'hybridité a produit des formes nouvelles, intermédiaires entre des espèces voisines, et amené l'extinction de l'une ou des deux formes parentes. On connaît plusieurs exemples authentiques d'hybrides animaux et végétaux,à l'état sauvage, dont la fécondité est illimitée. Ainsi, le Corbeau corneille et la Corneille mantelée ont presque entièrement disparu dans diverses régions, où ils sont remplacés par une forme intermédiaire ; le même fait existe chez des Mésanges, des Buses, quelques autres Oiseaux, différentes Plantes, etc., mais ce mode de formation de races, de variétés, et d'espèces nouvelles, est toujours rare et isolé. En tout cas, l'existence indéniable d'hybrides d'une fécondité continue nous prouve, d'une manière certaine, que l'espèce n'est pas fixe, qu'elle n'est qu'une idée subjective, comme les idées de variété, de famille, d'ordre, de classe, etc.; les individus seuls étant des réalités.

A propos de l'hybridité, je tiens à signaler un fait sur lequel il est très-utile d'appeler l'attention.

Parmi les adversaires du transformisme, beaucoup d'entre eux s'appuient particulièrement, pour démontrer l'inanité de cette doctrine scientifique, sur ce fait que deux espèces différentes donnent rarement naissance à des hybrides, et que ces hybrides sont presque toujours stériles, ou, s'ils sont féconds, produisent des individus retournant généralement à l'un des types parents, après un certain nombre de générations. La conclusion de la fixité des espèces, qu'ils déduisent de ce fait, est absolument erronée, et prouve qu'ils n'ont pas bien compris la doctrine transformiste. Nous venons de voir, en effet, que les causes qui ont déterminé l'évolution des espèces sont la sélection naturelle, résultat immédiat de la lutte pour la vie, l'action modificatrice du milieu ambiant, les migrations, l'isolement, et non pas l'hybridation, dont le rôle a été pour ainsi dire nul dans l'évolution générale des êtres vivants. Lorsque deux individus se sont modifiés peu à peu, sous les influences que nous venons d'énumérer, il est évident, et nous en avons des preuves convaincantes, que les organes génitaux et les éléments reproducteurs ont participé eux-mêmes à ces modifications. Aussi, deux espèces différentes, suivant que leurs organes génitaux et leurs éléments reproducteurs ont subi des modifications plus ou moins profondes :

1° Ne produisent aucun hybride ;

2° Produisent des hybrides stériles ou très-rarement féconds ;

3° Produisent des hybrides féconds.

Chacun sait qu'il existe de nombreux exemples de ces trois cas. Ajoutons, en outre, que la domestication prolongée tend à éliminer la stérilité, et que c'est, en effet, parmi les animaux domestiques que l'on obtient des hybrides entre des espèces les plus éloignées.

Si j'ai insisté sur ce point, c'est pour réfuter une erreur d'interprétation, quelquefois commise volontairement, et qui, malheureusement, est beaucoup trop répandue. Dans cette circonstance, les anti-transformistes ne se sont pas demandé si les espèces étaient susceptibles d'éprouver des modifications, mais ils ont admis, à priori, qu'elles étaient invariables, et se sont efforcés ensuite de trouver des arguments qui prouveraient leur fixité. En définitive, la non-production ou la stérilité des hybrides, qui est loin d'être absolue, ne peut servir, en aucune manière, à infirmer la doctrine transformiste, puisque l'hybridation a joué un rôle presque insignifiant dans l'évolution générale des animaux et des plantes.

Utilisation et Non-Utilisation des organes.

Afin de ne rien omettre, je dois mentionner aussi une cause qui a joué un rôle, évidemment très-secondaire et très-limité, dans la variation des espèces ; celle de l'*utilisation* et de la *non-utilisation des organes*. On conçoit facilement, en effet, que l'emploi plus fréquent d'un organe puisse le modifier dans une certaine mesure, en amenant l'atrophie de ceux qui sont de moins en moins utilisés. Ainsi, pour en citer un exemple, Charles Darwin a montré que le Canard domestique a le squelette des pattes plus lourd et le squelette des ailes proportionnellement plus léger que ceux du Canard sauvage, modifications dues, sans nul doute, à ce que l'espèce domestique s'est adonnée de plus en plus à la marche, restreignant l'emploi des organes du vol. Nous pouvons citer également, comme un des effets de l'usage des organes, le développement considérable, transmissible par hérédité, des mamelles des Vaches et des Chèvres que l'on a l'habitude de traire, comparativement à l'état de ces organes, dans les pays où ces animaux ne sont pas élevés pour la production de leur lait.

Après avoir passé en revue les principales causes de la transformation des espèces et de leur perfectionnement progressif, arrivons maintenant aux preuves directes du transformisme, sur lesquelles je ne m'étendrai que fort peu, ne voulant pas, Messieurs, abuser de votre bienveillante attention.

Embryologie.

Pour procéder avec méthode, je parlerai d'abord de l'embryologie ou étude du développement des animaux, depuis l'œuf jusqu'à la naissance de l'embryon. Cette science, qui a pris une énorme extension depuis une trentaine d'années, a fourni, par ses résultats, un puissant appui au transformisme. L'une des lois les plus importantes se dégageant de ces recherches, et qui est en parfait accord avec les idées transformistes, c'est que l'évolution de l'individu est la répétition courte et abrégée de l'évolution de l'espèce.

Semblable aux autres Mammifères supérieurs, l'Homme, au début de son existence individuelle, n'est qu'un ovule, qu'une simple cellule d'environ

1/10 de millimètre de diamètre. Puis, aux premières phases de son développement embryonnaire, il est encore impossible de le distinguer des autres classes de Vertébrés (Poissons, Batraciens, Reptiles et Oiseaux), et ce n'est qu'à un stade ultérieur que la différenciation devient complète. Rappelons, en outre, que les Vertébrés supérieurs, y compris l'Homme, présentent, dans les premières phases de leur développement, des organes qui persistent toute la vie chez les Poissons inférieurs.

En résumé, on peut dire que l'évolution générale de tous les animaux a eu lieu d'une manière identique à l'évolution individuelle de l'un quelconque d'entre eux, mais, tandis que celle-ci s'accomplit très-rapidement, il a fallu à la première des milliers de siècles pour s'effectuer. Nous ajouterons que cette évolution générale n'est ni plus merveilleuse ni plus difficile à comprendre que l'évolution individuelle de chaque animal, dont les modifications successives sont d'une extrême complexité, depuis l'état d'ovule jusqu'au développement complet de l'embryon.

Paléontologie.

Etudions à présent, d'une manière très-succincte, les résultats de la paléontologie, envisagés au point de vue des rapports qui relient entre eux les êtres fossiles et les êtres vivants.

Je vous ai indiqué, Messieurs, dans ma première Causerie, les causes qui nous empêchaient de retrouver la série complète des ançêtres de nos animaux et de nos végétaux actuels; ces causes étant, d'une part, les circonstances toutes particulières et difficilement réalisables pour que la fossilisation des animaux et des végétaux puisse se faire complètement, et, de l'autre, l'imperfection forcée de nos archives paléontologiques. Néanmoins, nous possédons déjà un certain nombre de ces intermédiaires tant désirés, dont je citerai seulement quelques exemples : L'*Archaeopteryx lithographica*, des schistes de Solenhofen (Bavière), établit d'une façon si évidente le passage des Reptiles aux Oiseaux, que l'on a beaucoup hésité pour savoir si cet animal étrange était un Reptile à plumes ou un Oiseau présentant des caractères reptiliens. Dans la craie, en Amérique, on a découvert toute une sous-classe d'Oiseaux, les Odontornithes, dont les mâchoires, prolongées en forme de bec, étaient garnies de dents. Aujourd'hui, la généalogie du genre Cheval est complètement connue, etc.

L'un de nos plus éminents paléontologistes, Albert Gaudry, dans les nombreuses fouilles qu'il a faites à Pikermi (Grèce), a découvert le genre *Hyaenietis*, qui relie la Hyène avec la Civette ; l'*Ancylotherium* allié à la fois aux Mastodontes éteints et au Pangolin actuel; l'*Helladotherium*, qui rattache la Girafe, aujourd'hui très-distincte des autres animaux, avec le Daim et l'Antilope; etc. Les découvertes faites en Amérique, en Afrique, et dans l'Inde, ont permis au Dr Falconer de relier entre eux le Mammouth, le Mastodonte, et l'Eléphant. De plus, l'existence de vingt-six espèces fossiles qui viennent s'intercaler entre le Mammouth et le Mastodonte, jointe aux découvertes d'autres types intermédiaires, faites en Amérique par le Dr Leidy, a prouvé que ces trois types provenaient d'une souche commune. L'année dernière, mon savant ami, Charles Brongniart, du Muséum d'Histoire naturelle de Paris, publiait un remarquable travail sur les Insectes fossiles des terrains primaires (1), dans lequel il faisait connaître en détail la faune entomologique de l'époque carbonifère, faune qui renfermait beaucoup de types aisément reconnaissables pour les ancêtres directs de certains Insectes actuels; etc., etc. D'ailleurs, les relations des animaux fossiles et vivants sont tellement évidentes, qu'Albert Gaudry a intitulé son dernier et admirable ouvrage: *Les enchaînements du monde animal dans les temps géologiques.*

Grâce aux incessantes découvertes des paléontologistes, la filiation des espèces est de mieux en mieux connue, et nos successeurs pourront peut-être établir un jour l'arbre généalogique de tous les êtres organisés.

---

(1). Charles Brongniart. — *Les Insectes fossiles des terrains primaires*, in *Bull. de la Soc. des Amis des Scienc. natur. de Rouen*, 1er sem. 1885, p. 50, av. 3 pl. en héliogravure.

Mimétisme.

Tous ceux qui ont observé un peu la nature ont remarqué la fréquente harmonie existant entre les couleurs des animaux et celle du milieu qu'ils habitent. Cette curieuse ressemblance, déjà signalée par les plus anciens naturalistes, a reçu le nom de *mimique* ou *mimétisme*. En voici quelques exemples choisis parmi les plus connus :

Les habitants des déserts, tels que le Lion, le Chameau, la Gazelle, la Gerboise, différents Oiseaux, plusieurs Reptiles, des Insectes, etc., ont une coloration analogue à celle du sable sur lequel ils vivent ; et le même fait a lieu chez certains Poissons plats, comme la Sole, le Turbot, la Barbue, etc. Dans les régions polaires, où la neige couvre le sol toute l'année, les animaux ont un pelage entièrement et constamment blanc, tel est l'Ours des pôles ; par contre, dans les pays couverts de neige pendant une partie de l'année seulement, les animaux ne sont blancs que pendant cette saison, comme l'Hermine, plusieurs espèces de Lièvres, le Renne, le Lagopède d'Ecosse, etc. La petite Grenouille verte, connue sous le nom de Rainette, a une couleur tellement en rapport avec le feüillage, qu'on l'entend parfois coasser près de soi, sans pouvoir la distinguer. Mais c'est dans le monde des Insectes que les cas de mimétisme sont les plus fréquents et les plus remarquables. Les uns ressemblent à des feuilles, à des fleurs, à des graines, à des tiges, à des bourgeons, à des écorces, etc. D'autres, comme les Orthoptères de la nombreuse famille des Phasmides, présentent tous des cas de mimétisme, et certains d'entre eux ont les formes les plus bizarres ou sont couverts d'excroissances foliacées extrêmement curieuses. Enfin, un grand nombre d'Invertébrés marins sont complètement transparents, et, par cela même, à peu près invisibles pour leurs ennemis.

Non-seulement beaucoup d'animaux présentent une couleur en harmonie parfaite avec celle du lieu qu'ils habitent, mais on observe encore, notamment chez les Insectes, des individus qui se ressemblent extrêmement entre eux, bien qu'appartenant à des genres, à des familles, et même à des ordres différents. Dans ces cas si remarquables, très-bien étudiés par les naturalistes anglais H.-W. Bates et Alfred-Russel Wallace, les Insectes mimés par d'autres ont toujours une protection spéciale qui les fait éviter comme dangereux ou impossibles à manger ; les uns possèdent quelque sécrétion venimeuse ou d'odeur nauséabonde; d'autres présentent un revêtement si dur qu'ils ne peuvent être écrasés ou digérés ; d'autres encore ont un goût désagréable, etc.

Tous les cas de mimétisme que je viens d'indiquer, et dont j'aurais pu augmenter considérablement le nombre, sont une énigme pour les anti-transformistes, mais ils s'expliquent de la manière la plus simple par la sélection naturelle. En effet, dès qu'une légère variation de couleur ou de forme, dont nous avons des exemples très-fréquents, se sera produite chez un individu quelconque, elle constituera un avantage manifeste pour cet individu, dans la bataille de la vie, si elle se rapproche de la couleur du milieu qu'il habite, en le rendant moins visible à ses ennemis, ou si elle lui donne une vague ressemblance avec des animaux bien protégés. Cette variation avantageuse lui permettant de vivre et de se reproduire, se transmettra par hérédité à ses descendants, et comme l'avantage reste toujours le même, il est évident que l'adaptation de couleur ou de forme se complètera peu à peu, de génération en génération.

Mais, dira-t-on, pourquoi tous les animaux n'ont-ils pas une couleur identique à celle du milieu où ils vivent, puisque cette particularité est très-avantageuse dans le combat pour l'existence, et comment se fait-il que beaucoup d'entre eux possèdent, au contraire, des couleurs très-voyantes ? La réponse à cet argument n'offre aucune difficulté, car il suffit de rappeler, comme nous l'avons fait précédemment, que les moyens de protection dans la lutte pour la vie sont très-nombreux et des plus variés ; ce qui revient à dire que les animaux ne présentant pas de cas de mimétisme sont pourvus d'autres moyens d'attaque, de défense, et de protection.

Dimorphisme ET Polymorphisme.

Une autre preuve du transformisme réside dans ce fait qu'un certain nombre d'animaux présentent deux (*dimorphisme*) ou plusieurs (*polymorphisme*) formes différentes. On connaît beaucoup d'Insectes ailés dont les femelles n'ont que des ailes rudimentaires ou même en sont complètement dépourvues. Les femelles de nos Dytiques (Coléoptères aquatiques) ont, en général, des élytres striées ; cependant, on en rencontre de temps à autre qui possèdent des élytres lisses, comme celles des mâles. Parmi les Lépidoptères diurnes, les femelles de plusieurs espèces exotiques du genre *Papilio*, non-seulement diffèrent beaucoup des mâles, mais se montrent sous deux ou trois formes très-distinctes l'une de l'autre, voltigeant ensemble dans les mêmes localités. Chez un grand nombre de Crustacés, les mâles sont sensiblement plus petits que les femelles et s'en distinguent quelquefois d'une manière étonnante. Dans plusieurs groupes d'animaux, notamment chez les Insectes qui vivent en sociétés nombreuses, on trouve plusieurs formes d'individus : telles sont les Abeilles, qui ont à la fois des mâles, des femelles, et des neutres; les Fourmis et les Termites, chez lesquels on remarque des mâles, des femelles, des ouvriers, et des soldats ; etc., etc. Ces exemples de dimorphisme et de polymorphisme, qui sont fréquents chez les animaux inférieurs et dont on connaît de nombreux exemples chez les plantes, donnent une preuve saisissante de la puissance de l'adaptation, qui a déterminé peu à peu, chez certains individus, des modifications correspondant aux actions spéciales accomplies par eux, en vue de la conservation de l'espèce.

Organes rudimentaires ET Atavisme.

De tous les faits qui militent en faveur de la doctrine évolutionniste, il n'en est peut-être pas de plus probant que l'existence des organes rudimentaires, et l'on peut dire à leur égard, en modifiant un vers célèbre de Voltaire, que si le transformisme n'existait pas il faudrait l'inventer. Les organes rudimentaires sont extrêmement communs parmi les animaux et les plantes, et il me suffira d'en citer quelques-uns pour que vous puissiez, Messieurs, apprécier toute l'importance de cette preuve du transformisme. Chez beaucoup d'animaux qui vivent dans l'obscurité, sous terre ou dans des grottes, comme différentes espèces de Taupes, de Lézards, de Serpents, de Poissons, d'Insectes, de Crustacés, de Vers, etc., il existe des yeux plus ou moins atrophiés ou recouverts d'une membrane, lesquels n'ont aucune utilité pour l'animal. Des Oiseaux incapables de voler, comme l'Autruche, le Casoar, etc., sont pourvus d'ailes rudimentaires. Un grand nombre d'Insectes présentent des ailes et des pattes atrophiées ne leur servant à rien. Les embryons des Mammifères Cétacés pourvus de fanons dans l'âge adulte, comme les Baleines, ont, avant de naître, des mâchoires garnies de dents qui disparaissent avant qu'elles ne puissent leur servir. Ces mêmes Cétacés, dont les membres antérieurs seuls, c'est-à-dire les nageoires pectorales, sont bien développés, montrent vers la partie postérieure de leur corps, enfouies sous la chair, une paire de pièces osseuses tout à fait superflues ; etc., etc. L'espèce humaine possède également un certain nombre de ces organes rudimentaires. Ainsi, nous avons tous des muscles préposés au mouvement du pavillon de l'oreille, mais ces muscles sont atrophiés, et il n'y a qu'un très-petit nombre de personnes qui peuvent arriver, après un exercice de longue durée, à faire mouvoir leur oreille externe. Chez le mâle, il existe des seins rudimentaires presque toujours inutiles. Je dis « presque toujours », car l'on a observé un développement complet de ces glandes mammaires chez quelques individus du sexe masculin. L'un de ces organes rudimentaires, des plus curieux mais peu apparent, est le petit repli semi-lunaire que nous avons à l'angle interne de l'œil. Ce repli cutané, absolument inutile pour nos yeux, est le vestige d'une troisième paupière interne, très-développée chez d'autres Mammifères, chez les Oiseaux, les Reptiles, etc, mais qui s'est complètement atrophiée dans notre espèce. Citons encore la queue de l'Homme, dont la présence est des plus manifestes chez les embryons de cinq à six semaines, et qui disparaît d'une manière graduelle dans le développement ultérieur, par suite de la fusion des vertèbres surnuméraires. Cet organe passager montre, d'une manière indiscutable, que nos ancêtres anthropoïdes étaient pourvus d'une queue bien développée, dont le défaut d'usage a déterminé l'atrophie.

Dans le règne végétal, les organes rudimentaires sont également très-nombreux. Nous en avons d'excellents exemples chez certaines plantes dont quelques-unes des parties de la fleur, tels que l'ovaire, le pistil, les étamines, etc., présentent parfois une atrophie plus ou moins considérable.

Mis en demeure d'expliquer l'origine des organes rudimentaires, les anti-transformistes, qui affirment que chaque espèce d'animal et de plante est le résultat d'un acte créateur spécial, sont forcés d'avouer leur impuissance, car l'on ne peut concevoir qu'une force intelligente ait pris le soin de créer des organes ne servant à rien. La seule explication qu'ils en donnent, et ils ne peuvent en fournir une autre, c'est que la divinité a créé ces organes par amour de la symétrie ou à titre d'ornements; explication des plus fantaisistes et, parfois, en complet désaccord avec la réalité. Au contraire, le transformisme nous donne de ces faits une explication des plus simples, en montrant que ces organes se sont ainsi atrophiés par le défaut d'usage. Lorsque des animaux ont modifié certaines de leurs habitudes, soit pour mieux résister dans la bataille de la vie, soit par l'influence du milieu ambiant, des migrations, de l'isolement, etc., les organes dont ils ne se servaient plus se sont forcément atrophiés peu à peu, de génération en génération, et se montrent à nous aujourd'hui comme des vestiges d'organes n'ayant plus aucun usage. Les mêmes faits ont eu lieu chez les plantes, quand certains organes ou parties d'organes ont joué, au détriment des autres, un rôle prépondérant dans la fécondation ou dans les autres actes inhérents à la conservation de l'individu et de l'espèce. — Je ne veux pas, Messieurs, insister davantage sur ces faits, tenant à ce que vous choisissiez vous-mêmes celle de ces deux explications qui vous paraît la plus rationnelle et la plus conforme à l'observation et à l'expérience. J'ajouterai cependant que nous observons de temps à autre, chez des animaux et des plantes, l'apparition de caractères particuliers, qui ne sont autres que des caractères ancestraux ayant appartenu à des générations depuis longtemps éteintes. Cette hérédité en retour, qui démontre d'une façon si évidente la variabilité de l'espèce et fournit de précieuses indications sur la généalogie de l'individu où elle s'est manifestée, a reçu le nom d'*atavisme.*

Distribution géographique et topographique des animaux et des plantes.

L'étude de la distribution géographique et topographique des animaux et des plantes, désignée sous le nom de *chorologie*, vient fournir de nouvelles preuves au transformisme, mais les faits relatifs à cette distribution étant extrêmement compliqués, il me faudrait y consacrer de nombreuses pages pour en exposer les principaux résultats. Je me contenterai donc de citer ici les trois faits suivants, que j'emprunte à Haeckel (1), et dont la haute importance ne saurait échapper à personne : « Le premier est l'étroite parenté morphologique, « l'air de famille » si frappant, qui existe entre les formes locales caractéristiques d'une contrée et leurs ancêtres fossiles de la même région. Le second fait est « l'air de famille » non moins frappant, qui existe entre les habitants d'un archipel donné et ceux du continent le plus voisin d'où cet archipel a reçu sa population. Le troisième et dernier fait est le caractère tout particulier qui s'observe, en général, dans la composition des flores et des faunes insulaires.

« Tous les faits chorologiques cités par Charles Darwin, Alfred-Russel Wallace et Moritz Wagner, par exemple, la remarquable limitation des faunes et des flores locales, l'analogie des habitants des îles avec ceux des continents, la large extension des espèces dites cosmopolites, l'étroite parenté des espèces locales actuelles avec les espèces éteintes des mêmes régions, la possibilité de démontrer l'irradiation de chaque espèce à partir d'un point de création unique, tous

(1) *Op. cit.*, p. 271.

ces faits et tant d'autres, empruntés à la distribution géographique et topographique des organismes, s'expliquent simplement et parfaitement par la théorie de la sélection et des migrations : sans cette théorie, ils sont inintelligibles. Nous trouvons donc, dans toute cette série de phénomènes, une nouvelle et forte preuve attestant la vérité de la théorie généalogique ».

Après avoir résumé, en quelques pages, de nombreux volumes consacrés à l'évolution des êtres vivants, je devrais maintenant tracer l'arbre généalogique du monde animal et du monde végétal, c'est-à-dire la filiation de tous les organismes qui ont existé sur notre globe, depuis la forme primordiale jusqu'à la faune et à la flore actuelles. Mais cet exposé, en le réduisant même à son état le plus simple, m'entraînerait forcément dans de nombreux détails techniques qui ne sauraient trouver place dans une semblable Causerie, dont le seul but est de donner une idée, malheureusement beaucoup trop superficielle, de l'extrême importance du transformisme. Je renvoie donc les lecteurs désireux de connaître l'enchaînement de toutes les formes animales et végétales, fossiles et vivantes, aux deux ouvrages qui résument l'état actuel de nos connaissances sur cette question capitale : l'*Histoire de la création naturelle*, par Ernest Haeckel, et *Les Colonies animales*, par Edmond Perrier.

Il me resterait encore à parler de l'évolution mentale des animaux, car, jusqu'alors, nous n'avons étudié les êtres vivants qu'à un point de vue purement physique. Pour ne pas prolonger cet entretien et abuser davantage de votre attention, je reporte à ma dernière Causerie l'étude sommaire du développement et des modifications de l'instinct et de l'intelligence.

Avant de finir, permettez-moi, Messieurs, de vous rappeler que l'immense valeur de la doctrine transformiste ne réside pas en ce que cette doctrine élucide tel ou tel fait particulier, mais parce qu'elle nous explique, d'une façon très-simple, l'universalité des phénomènes de la vie animale et végétale, qui, sans elle, ne sont qu'énigmes et mystères. Bien que le darwinisme et le lamarckisme nous donnent une explication des plus satisfaisantes de l'évolution générale des êtres vivants, il est à peu près certain, néanmoins, que les naturalistes de l'avenir découvriront d'autres causes de cette évolution ; mais le fond même du transformisme ne changera pas, et nous devons considérer comme une vérité fondamentale : *que tous les animaux et tous les végétaux, fossiles et vivants, proviennent, sous la seule action de forces naturelles, de forces physico-chimiques, d'une forme primordiale de la plus grande simplicité.*

Si nous avons reçu, dès notre enfance, pour toute explication des phénomènes de la nature dont nous cherchions à nous rendre compte, cette réponse traditionnelle et décourageante : c'est un mystère qu'il ne faut point éclaircir ; ne pouvons-nous pas aujourd'hui, grâce au transformisme qui nous explique l'enchaînement universel de ces phénomènes, en invoquant seulement les forces naturelles que l'on observe chaque jour, ne pouvons-nous pas, fiers de notre raison qui a su résoudre tant d'énigmes, fiers du triomphe de notre intelligence sur le miracle et le mystère, nous écrier, comme Archimède : *Eureka.*

Elbeuf. — Imp. Allain et Lecler, 3, rue Saint-Jacques.

...riopodes de la Normandie (1re liste), suivie ...
... d'Espèces et de Variétés nouvelles, par le Dr Ro...
...*tzel*, de Vienne (Autriche), in Bull. Amis Sciences
... de Rouen, 2e sem. 1883, avec 1 pl. lithographiée.

... sur une Espèce nouvelle de Champignon entomogène
(*...ium Kervillei*, Quélet), in Bull. Soc. Amis Sciences
... de Rouen, 2e sem. 1883, avec 1 pl. en couleur.

... la manière de décrire et de représenter en couleur les
... à reflets métalliques, in Bull. Assoc. franç. Avan-
... Sciences, Congrès de Rouen, ann. 1883, avec fig. dans
...

... de la faune actuelle de la Seine et de son embou-
... depuis Rouen jusqu'au Havre, in 2e vol. de *L'Estuaire*
...eine, par G. Lennier. Le Havre, imp. du journal
... 1885.

... sur les Crustacés Schizopodes de l'Estuaire de la
..., suivie de la description d'une Espèce nouvelle de
... (*Mysis Kervillei*, G. O. Sars), par G. O. Sars, in Bull.
... Sciences natur. de Rouen, 1er sem. 1885, avec 1
...

... sur un hybride bigénère de Pigeon domestique et de
... à collier, suivie de la Récapitulation des hybri-
... et bigénères observés jusqu'alors dans l'Ordre de
..., in Bull. Soc. Amis Sciences natur. de Rouen, 2e
... 1885.

... Myriopodes de la Normandie (2e liste), suivie de
... d'Espèces et de Variétés nouvelles (de France ...
... Tunisie), par le Dr Robert Latzel, de Vienne
..., in Bull. Soc. Amis Sciences natur. de Rouen, ...

www.ingramcontent.com/pod-product-compliance
Ingram Content Group UK Ltd.
Pitfield, Milton Keynes, MK11 3LW, UK
UKHW021014200726
13857UKWH00004B/1450